黑枣高效栽培技术问答

编著者

张凤仪　张　晨　江淑波

赵俊喜　陈生明

李献明　肖万魁

U0388915

金盾出版社

内 容 提 要

本书以问答的形式对如何提高黑枣栽培技术做了精辟的解答。内容包括：黑枣树生物学特性和物候期，黑枣的分类及品种，黑枣树嫁接繁育技术，黑枣园的建立，黑枣树的整形修剪，黑枣树病害防治和虫害防治，黑枣的采收、包装与销售，黑枣树周年管理等。全书本着联系实际，服务生产的宗旨，内容丰富系统，语言通俗易懂，技术先进实用，可操作性强，便于学习和使用。

图书在版编目(CIP)数据

黑枣高效栽培技术问答/张凤仪等编著.—北京：金盾出版社，2009.12

ISBN 978-7-5082-6052-5

Ⅰ.黑… Ⅱ.张… Ⅲ.君迁子—果树园艺—问答 Ⅳ.S665.3-44

中国版本图书馆 CIP 数据核字(2009)第 189797 号

金盾出版社出版、总发行

北京太平路 5 号(地铁万寿路站往南)

邮政编码：100036 电话：68214039 83219215

传真：68276683 网址：www.jdcbs.cn

封面印刷：北京百花彩色印刷有限公司

正文印刷：北京万博诚印刷有限公司

装订：北京万博诚印刷有限公司

各地新华书店经销

开本：850×1168 1/32 印张：3.5 字数：73 千字

2012 年 7 月第 1 版第 3 次印刷

印数：12 001～15 000 册 定价：6.00 元

(凡购买金盾出版社的图书，如有缺页、倒页、脱页者，本社发行部负责调换)

序 言

　　黑枣,学名君迁子,又名软枣,分有核、无核两大类,是柿树嫁接栽培的主要砧木。黑枣抗旱、耐瘠、抗病,易栽培,产量高,果实含糖丰富,宜生食、加工果脯、酿酒等。近年来市场价格逐年攀升,已成为农村致富的主要经济树种之一。普及黑枣树的栽培管理科学技术,提高黑枣的品质和产量,已成为广大农民朋友的迫切所需要。

　　张凤仪老先生,是林果战线的老专家、老前辈,也是我在县林业局工作期间的老战友。他积极推广林业科技知识,退休后仍乐此不疲、笔耕不辍,收集整理了苹果、葡萄、柿子等多种果树栽培实用技术图诀并编印成册,深受果农欢迎,为推广适用栽培技术、促进农民增产增收做出了积极有益的贡献。《黑枣高效栽培技术问答》抓住了黑枣的生理生长特点和栽培技术关键,图文并茂,通俗易懂。我深信,该书的出版发行,必将对黑枣产业的发展起到不可替代的推动作用。

河北省涉县人大副主任　　陈金秩

前　　言

黑枣,又名软枣,学名君迁子。属柿树科,柿树属,君迁子种。

黑枣原产于我国黄河流域。目前,山东、山西、河北、河南、陕西、甘肃等省均有分布,近年来南方也有引种栽培。

黑枣为落叶乔木。树高达8～9米。树皮暗灰色,枝条灰褐色。叶椭圆形,无光泽。花多单性花。雄花2～3朵簇生,花冠红白色,有短梗;雌花单生,花冠绿白色。果实较小,直径为1～2.5厘米,圆形或长圆形,初为绿黄色,成熟后变为紫褐色,后熟后变为灰黑色。果实可供人食用,味沙甜可口,内含有较高的营养物质。成熟的果实中含有蛋白质、脂肪、碳水化合物和维生素等多种营养成分。

黑枣还有药疗作用,可止血润便,对降低血压也有一定的作用。黑枣的花是很好的蜜源。

近年来,人们选择食品的时尚是:绿色食品,黑色果实。黑枣这个黑色果实,也越来越受消费者关注。现除我国消费外,还出口俄罗斯和东南亚各国。

随着黑枣产业的发展,广大果农学技术、用技术的要求越来越强烈,因此我们编写了《黑枣高效栽培技术问答》一书。

本书把黑枣栽培过程中最关键、最常用的技术进行了总结,详细介绍了黑枣树生物学特性,黑枣的优良品种,黑枣树育苗繁殖、栽培管理、整形修剪、病虫害防治和黑枣果实采收晾晒等技术,并配图加以说明。内容通俗易懂,可操作性强,实践中容易掌握。

由于笔者水平有限,不妥之处在所难免,敬请读者批评指正。

编 著 者

目 录

一、黑枣树的生物学特性和物候期

1. 黑枣树属什么树种?

　　黑枣,学名君迁子。属柿树科,柿属,君迁子种。又名软枣、豆柿、牛奶柿、丁香柿。原产于我国黄河流域。目前,山东、河北、山西、河南、陕西、甘肃等省分布较多,近几年南方也有引种栽培。

　　黑枣为落叶乔木。树高达 8～9 米,树皮暗灰色,呈块状剥裂。枝条灰褐色,叶片椭圆形(图 1-1)。果实黑色、较小,无光泽,可供人食用,味沙甜可口,内含有蛋白质、脂肪、碳水化合物和维生素等多种营养成分。

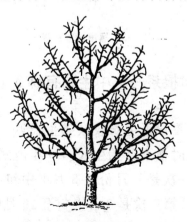

图 1-1　黑枣树为落叶乔木

2. 黑枣树有什么生长习性？

黑枣树根系十分强大，主根弱，侧根和毛细根多，一般80％的营养根都分布在50～80厘米深的土层中，垂直分布在3～4米以上，水平分布为冠幅的3～4倍，具有强大的吸附能力（图1-2）。因树体含单宁较多，受伤后难愈合，移植后树势恢复慢。因此，移植时要尽量多保留根系，并防止根系因干燥而枯死。

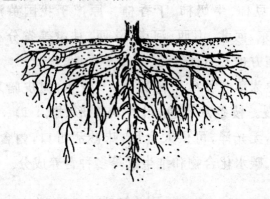

图1-2　黑枣树根系强大

3. 黑枣树根系一年中生长有哪3个高峰期？

一年中黑枣根系生长较枝条生长迟。一般在展叶后新梢即将枯顶时根系开始生长。一年内根系生长的3次高峰期为：第一次是4月份至5月上中旬，第二次是6月上旬至7月初，第三次是9月上旬至10月底（图1-3）。其中第三次生长高峰期持续时间最长，总生长量大，是黑枣树施肥、浇水的关键时期。生产中要抓住这一时期，加强黑枣树的肥水管理,以促进黑枣稳产高产。

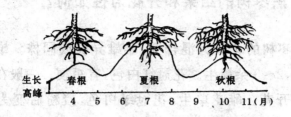

图1-3　黑枣树根系生长的3个高峰期

4. 黑枣树新梢是怎样生长的?

　　黑枣树新梢1年只生长1次。萌芽后,前期生长缓慢,5~6月份进入迅速生长期,不久即停止生长。顶端生长点在生长后期自行枯落,称为顶芽。黑枣树营养生长期较短,只有1个多月。幼龄树生长势强,以后随树龄增长而减弱(图1-4)。

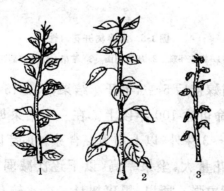

图1-4　黑枣树新梢生长习性

1. 前期缓慢生长　2. 5~6月份迅速生长　3. 1个多月后枯顶

5. 黑枣树的结果和开花习性如何？

黑枣树的花芽为混合芽,雌雄异株或同株。雄花多单性花,2～3朵簇生。花冠红白色,有短梗。一般在5月中下旬开花。雌花单生,花冠绿白色,授粉后变为黄紫色,渐渐形成果实,花萎缩脱落(图1-5)。

图1-5 黑枣树开花习性
1. 雄花外观　2. 雄花剖面　3. 雌花　4. 雌花剖面

黑枣树嫁接后5～6年开花结果,10～15年进入盛果期,结果寿命可达100年以上。在一个结果母枝上,除基部隐芽及1～3芽外,以上均为混合芽。顶芽以下1～3芽发枝力强,花量大,坐果率高,以下逐次减弱。中长果枝连续结果能力强。所以,黑枣树是一个比较高产、稳产的果树树种。

6. 黑枣树分枝怎样连续结果?

　　黑枣树分枝多,角度开张,容易形成花芽,开花多,连续结果能力强。每年春季主侧枝上都能抽出许多发育枝、徒长枝,翌年就能形成花芽,开花结果。黑枣树结果枝长,分枝分生能力强。往往结果枝分生一大片,结果也形成一大片。形成的片状果枝叫花束状果枝。花束状果枝结果多,连续结果能力强(图1-6)。

图 1-6　黑枣树花束状结果

7. 黑枣树结果枝怎样更新复壮?

　　黑枣树上的隐芽寿命长,极易更新复壮。由隐芽萌发的徒长枝,一般情况下在前1年萌发出的枝条,翌年都能形成花芽结果。因此,它也是黑枣树上的良好结果母枝,并能连续结果。大枝先端受刺激后,中后部隐芽易萌发轮生新枝,替代结果母枝结果。因此,果农在长期生产实践中总结出的折枝修剪方法就是这个道理。

折枝修剪的方法是:秋后果农采收黑枣后,在树上用竹竿钩折树梢上端当年生的新梢或徒长枝(图1-7)。这些新梢、徒长枝钩折后,翌年在钩折枝下端都会形成花束状结果枝,大片结果。

图1-7　黑枣采收后折枝修剪徒长枝

8.黑枣树在华北地区的物候期表现如何?

黑枣树的物候期因品种、立地条件、树龄不同而不同。根据我们在太行山区调查观察,黑枣树在当地的物候期见表1-1。

表 1-1　华北地区黑枣树物候期

时　间	物候期表现
4 月上旬	萌动期
4 月中旬	发芽期
4 月下旬	展叶期
5 月上旬	枯顶期
5 月上中旬	初花期
5 月下旬	盛花期
6 月上旬	终花期（生理落果期）
9 月上中旬	果实着色期
10 月下旬	果实成熟期
11 月上中旬	黑枣树落叶期

二、黑枣的分类及品种

9. 黑枣树有什么实用价值？

黑枣树为落叶乔木,树高 8～9 米,木质坚硬,可用来加工成各种木制品。

黑枣树的花是养蜂的主要蜜源。

成熟的黑枣果实中含有蛋白质、脂肪、碳水化合物和维生素等多种营养成分,可作为酿醋、酿酒或加工糕点的原料;此外,黑枣还有很高的药疗作用,可止血润便,对降低血压也有一定的疗效。黑枣树根系多,是退耕还林、搞好水土保持的主要树种。逐年在荒山坡上种植黑枣树,可以防止水土流失,达到绿化荒山,美化环境的目的。

10. 黑枣分几大类？各有什么用途？

黑枣分两大类。一类是有核黑枣,另一类是无核黑枣。

有核黑枣学名君迁子。用其种核播种后长出实生苗,可供柿树和无核黑枣树作嫁接砧木,果肉可供食用或作为加工其他食品的原料。

无核黑枣也叫小柿子,味甜可口,内含较多的营养物质,是食用和加工食品的优质原料。但黑枣不易消化,不能一次性多吃,以免伤胃。吃得多了会腹胀、肚痛。

11. 有核黑枣有哪些优良品种？其特性如何？

有核黑枣的品种很多,从中选出的优良品种有十大弟兄、八姐九妹、有核大软枣等。

(1)十大弟兄 十大弟兄黑枣个大,种子多,每个果实中有10粒种子。果实皮薄,果肉较少;果皮初果期为绿色,中果期为黄红色,成熟期为紫褐色,后熟晒软后为黑色。皮缩、有皱纹。产量高、耐贮藏,适应性强,好管理(图2-1)。

图 2-1 十大弟兄

(2)八姐九妹 八姐九妹黑枣个中等大,种子较多,每个果实内有8～9粒种子。果实皮薄,肉甜。果皮初果期为绿色,中果期由黄色变成棕褐色,熟后晒软后为黑色。皮缩、有皱纹。产量高、耐贮运,适应性强,好管理(图2-2)。

(3)有核大软枣 有核大软枣果实个大、长圆形。种

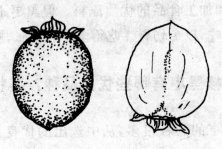

图 2-2　八姐九妹

子小、不够饱满,果皮厚、果肉多,肉质甜软,含糖量多,品质优。果皮初果期为绿色,中果期为黄紫色,后熟晒软后变为黑色,柔软。皮缩、有皱纹。适应性强,耐贮运,好管理(图 2-3)。

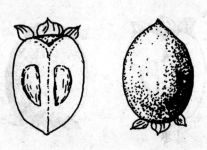

图 2-3　有核大软枣

　　这些有核黑枣的主要作用是繁殖培育实生苗,作为柿树、无核黑枣树的砧木,用来嫁接柿树和无核黑枣树。这些黑枣要求种子多、充分成熟、饱满。无病虫害的可留作种子育苗。

12. 无核黑枣有哪些优良品种?

无核黑枣品种很多,从中选出的优良品种有牛奶头黑枣、羊奶头黑枣、葡萄粒黑枣、弹子粒黑枣等。

(1)牛奶头黑枣 是由有核黑枣种子育成的砧木苗,再用无核黑枣牛奶头品种作接穗嫁接的黑枣新品种。果实大、无核,果实后熟后皮黑灰色,椭圆形,似牛的乳头,果实沙甜可口,有清香味(图2-4)。

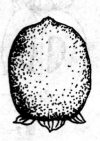

图2-4 牛奶头黑枣

(2)羊奶头黑枣 是由有核黑枣砧木苗,用无核黑枣羊奶头枝作接穗嫁接的新品种。果实个大、无核、口感好,似羊奶一样甜(图2-5)。

(3)葡萄粒黑枣 是由有核黑枣砧木苗,用无核葡萄粒黑枣的枝作接穗嫁接的黑枣新品种。果实大,似葡萄粒。味甜可口,似葡萄味(图2-6)。

(4)弹子粒黑枣 是由有核黑枣砧木苗,用无核弹子粒黑枣的枝作接穗嫁接的黑枣新品种。果实大、圆硬,口感浓甜可口。采收晾晒后易保存(图2-7)。

图 2-5 羊奶头黑枣

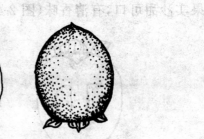

图 2-6 葡萄粒黑枣

图 2-7 弹子粒黑枣

三、黑枣树嫁接繁殖技术

13. 选什么品种作无核黑枣嫁接砧木？

　　黑枣的优良品种大都是以适应当地气候条件、品种纯正、生长健壮无病虫危害的有核黑枣苗木作砧木，通过嫁接培育的。有核黑枣优良品种有：十大弟兄、八姐九妹、有核大软枣。这些品种果实中种子多，采集容易，每千克果实中有 6 600～8 000 粒种子(图 3-1)。

图 3-1　打黑枣采收种子

14. 黑枣的种子怎样采集和处理？

选准黑枣砧木品种后，要待黑枣充分成熟后，树下铺上接布，上树用竹竿摇打黑枣，使黑枣落在接布上，再从接布上收集黑枣。把收集起来的黑枣浸泡在水里数日，再搓洗剥皮，使种子的果肉、果皮脱离（图 3-2）。再浸泡数日，捞出来放到温水中温汤浸种。等种子有裂口露白时，秋季就可以播种育苗。如要春季育苗，种子还需要沙藏处理。

图 3-2 搓洗种子
1. 搓洗 2. 种子 3. 晾晒

15. 黑枣种子怎样沙藏处理？

黑枣种子外壳硬，不易吸收水分。秋季采集的种子若在春季育苗，则应在秋季把种子搓洗干净后进行层积沙藏处理。沙藏处理的方法是按 1 份种子掺 8～10 份湿沙,互相搅拌均匀。湿度以手捏成团,手松即散为宜。混合好后,把混好的沙藏种子放进木桶或花盆内,置于常温下保存。到翌年春季的 3～4 月份换盆查看。如果盆内种子有 1/3 膨胀出芽露白即可播种(图 3-3)。

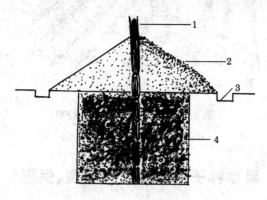

图 3-3　种子沙藏
1. 草把　2. 土壤　3. 排水　4. 湿沙种子

16. 黑枣育实生苗怎样播种?

　　黑枣树实生苗播种,分秋播和春播 2 种方式。秋播在 11 月份土地还没有上冻前播入,春播在春季 3～4 月份土地解冻后播入。春播的种子,在秋季采集后要经沙藏处理。播前要先平地做畦,施肥浇水。低洼地育苗要做成高畦,防止苗圃地积水导致幼苗烂根;旱地育苗要做成平畦,便于天旱时进行灌溉。播种的方法分条播、点播 2种。黑枣育苗多采用条播的方法。1 畦播 4 行,2 行宽 2行窄,宽行 60 厘米,窄行 30 厘米。宽行便于嫁接时人工进行操作,窄行可供浇水,可经济利用土地(图 3-4)。

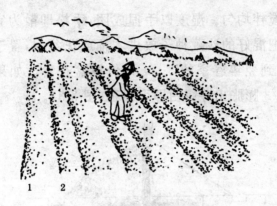

图 3-4 黑枣条播(2 行宽 2 行窄)

1. 宽行 60 厘米 2. 窄行 30 厘米

17. 黑枣种子播种后怎样保温、保湿?

我国北方春季天旱,温度、湿度比较低。黑枣种子播种后,为了保温、保湿,保护好墒情,就要在育苗畦上盖地膜(图 3-5)。地膜保温保湿可促进小苗快出土。盖地膜前先要整平畦面,上面顺畦盖上地膜。地膜要盖严,用土

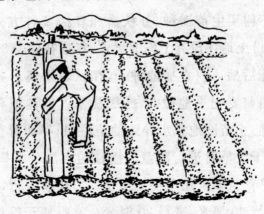

图 3-5 苗床盖地膜

压住边,防止刮风掀起地膜。小苗出土后,要揭去地膜,用喷壶给小苗喷水保墒,促进小苗生长。

18. 黑枣苗木嫁接有什么好处?

黑枣苗木的嫁接,既保持了砧木苗适应性强的特性和某些优良性状(如抗旱、耐寒、抗病虫等),又保持了嫁接品种的优良特性(如结果习性、果实品质、着色等)。

19. 黑枣嫁接的砧木苗怎样管理?

砧木苗出土后,要揭去地膜。揭膜最好在晴天下午进行。因晴天下午温度较高,小苗不受太阳暴晒,适应性强。当小苗长到10厘米高时,要把密度较大地方的小苗移到空地。小苗长到30厘米高时,要摘心、促使小苗加粗生长。小苗生长期要浇水、施肥、锄草,加强管理,促进砧木苗生长(图3-6)。砧木苗长到10片叶后,苗粗已有1厘米。当年秋季或翌年春季可进行芽接。

图 3-6 黑枣砧木苗管理

20. 黑枣芽接怎样选接穗?

黑枣芽接前,在无核黑枣优良品种树上选嫁接接穗。接穗要选 1 年生且直径在 1 厘米以上的枝条,枝条上芽体均匀、纯实饱满。剪下枝条后,先剪去叶片,剪叶片时保留叶柄,以保护芽。接穗两头要涂抹接蜡以密封伤口,避免接穗养分流失。另外,接穗要用湿布包住,放到阴凉处保存。嫁接时随接随取,使接穗不受伤害(图3-7)。

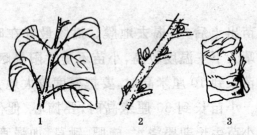

图 3-7 选接穗
1. 接穗剪叶　2. 剪好的接穗　3. 湿布包接穗

21. 黑枣树怎样用"T"字形芽接?

黑枣树常采用"T"字形芽接的方法嫁接。"T"字形芽接先在砧木离地面 6~10 厘米处选光滑无瘢痕的部位,把叶片剪去;在砧木光滑处切 1 个"T"字形口,先横切一刀,宽约为砧木直径的一半,纵刀口在横刀口中央开始往下切,长约 2 厘米。入刀深度以切到木质部为止。

接穗切削可不带木质部。先在接穗条上横切一刀,宽约为接穗条直径的一半。深度以切到木质部为止。另一刀深入木质部向上至横刀处,而后取下芽片,不带木质部,要带叶柄和芽肉。芽片长约 2 厘米,宽约 1 厘米。叶柄处于芽片中间。

嵌芽片时,左手拿取下的芽片,右手用芽接刀尖将"T"字形口左右两边撬开,把芽片放入切口,拿住叶柄轻轻往下插,使芽片上端与"T"字形切口的横切口对齐。

将接穗芽片与砧木切口木质部对齐后,用 1～1.5 厘米宽、30 厘米长的塑料条,自下而上一圈压一圈地将接口包住。可露出芽和叶柄,便于接芽成活后长出(图 3-8)。

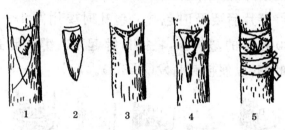

图 3-8 "T"字形芽接

1. 削芽　2. 芽片　3. 砧木　4. 嵌入接芽　5. 绑扎

黑枣树含单宁酸,易氧化形成隔离层,嫁接时要迅速。

22. 黑枣树怎样用方块形芽接?

黑枣树育苗嫁接常采用方块形芽接。方块形芽接要在生长季节,砧木、接穗都离皮时进行。

方块形芽接接触面积大,对于芽接不易成活的黑枣树种,此法比较适宜,嫁接后芽容易萌发。

方块形芽接时,要先确定砧木和接穗切口的长度,用刀刻好记号,然后上、下左右各切 1 刀,深至木质部,再用嫁接刀尖挑出并剥去砧木皮。

接穗切剥和砧木切剥一样。在选用芽的上、下左右各切 1 刀,取出方块形芽片。

将芽片放入砧木的切口中,使芽片上下、左右都与砧木切口正好对齐、闭合。如果接穗芽片稍小于砧木切口,双方愈伤组织可补充愈合;如果芽片太大而放不进去,必须重新切削芽片,不能将芽片硬塞进去。

嵌好芽片后要及时包扎。包扎时要用宽 1~1.5 厘米、长 30 厘米的塑料条,将接口绑起来。绑扎时要露出接芽和叶柄,以便接芽萌发(图 3-9)。

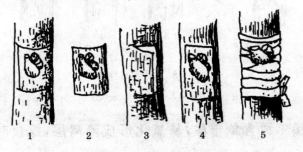

图 3-9　方块形芽接

1. 削取芽片　2. 芽片　3. 砧木切口

4. 嵌入接芽　5. 绑扎

接穗芽片内侧和砧木木质部外侧,双方接触部分形成愈伤组织。要求芽片要厚,带有芽肉。操作时不能擦伤形成层,并要保持清洁,以利于愈伤组织生长。

黑枣树含单宁酸,嫁接时易氧化形成隔离层。嫁接时要求快速、准确、对齐、绑紧。2周后检查嫁接成活率,如果没有成活,要错开部位补接。

23. 黑枣树嫁接苗怎样浇水施肥?

黑枣树喜湿润,若土壤湿度低,水分不足,常导致嫁接成活率低、嫁接苗生长缓慢。因此,嫁接前必须施肥、浇水。

当嫁接苗长到50厘米高摘心后,要在苗圃地施复合肥,促进小苗旺盛生长,达到壮苗出圃的标准。

24. 黑枣树何时芽接?接后如何管理?

(1)嫁接时期 黑枣树芽接最好的时期是5~9月份,日平均气温为20℃左右,砧木、接穗双方都离皮时进行。嫁接时间最好选在晴天上午9时至下午16时,此时气温高,嫁接易成活。

(2)嫁接后管理 芽接后15~20天,要检查嫁接成活率,以便及时进行补接。5~8月份芽接的,由于成活后生长速度较快,要及时解绑,否则会影响苗木加粗生长。9月份以后嫁接的,当年不用解绑。

翌年春季,要在接芽上方1厘米处剪去砧木,促进嫁接芽生长。剪砧后,砧木上易发生萌蘖,应及时剪除,以集中养分供接穗生长。嫁接苗长到30厘米左右高时,为防止小苗被风吹折,应在小苗旁立杆靠绑小苗(图3-10)。

苗高 50 厘米左右时,要摘心以促进苗木加粗生长。另外,要加强苗圃地的肥水管理。

图 3-10　嫁接后的管理

25. 黑枣苗木育成后怎样出圃?

黑枣苗木的出圃是黑枣育苗的最后环节。苗木的出圃直接影响黑枣树苗木质量的优劣。因此,必须把好起苗、分级、蘸泥浆、假植、检疫 5 道关。

(1)起苗　一般都在秋季苗木落叶后封冻前或春季土地解冻后进行。起苗要提前 2 天浇透水,等苗木吸水后在苗的一侧先挖一条 30 厘米深的沟,再从另一侧用铁锹在离苗 20 厘米处插入,将小苗连土撬起,然后用手将小苗带土提起放好(图 3-11)。

(2)分级　黑枣苗木出圃,起出的苗木要进行修整,把砧木上的枯枝、萌蘖去除掉,然后按等级规格标准进行分级捆绑。不合格的苗要归圃继续培养。

图 3-11　起　苗

黑枣苗木通常分为 3 级（表 3-1）。

表 3-1　黑枣苗木分级表

规　格	一级苗	二级苗	三级苗
苗　高	120 厘米以上	100 厘米	80 厘米
主根长	20 厘米	20 厘米	20 厘米
侧根数	5 条	3～4 条	2～3 条
茎　粗	1.2 厘米	1 厘米	0.8 厘米
病虫检疫	无病虫害	无病虫害	无病虫害

①一级苗　苗高 120 厘米以上，主根长 20 厘米以上，侧根 5 条以上，茎粗 1.2 厘米以上，无病虫危害。

②二级苗　苗高1米以上,主根长20厘米以上,侧根有3～4条,茎粗1厘米以上,无病虫危害。

③三级苗　苗高80厘米以上,主根长20厘米左右,侧根有2～3条,茎粗0.8厘米以上,无病虫危害。

(3)蘸泥浆　黑枣苗木多在春、秋季出圃,此时天气干旱,苗木容易失水、伤根。因此,在苗圃地起出的苗木根部要蘸泥浆。泥浆最好用40%黏壤土、5%草木灰、1%磷肥粉和54%的水调和而成。把分级后的黑枣苗木50株1捆捆好。根部在泥浆盆里蘸一蘸,以保持苗木根系的温度和湿度(图3-12)。

图3-12　苗木出圃蘸泥浆

(4)假植　黑枣苗根系蘸泥浆后,每50株1捆捆好,根部用黑塑料袋套根包装。装车运往栽植区。在装卸过程中要轻拿轻放。找阴凉背风处挖一条假植沟,假植沟深1米,宽1米,长度视苗多少而定。先把树苗根朝下埋到湿土坑内,上面盖秸秆避光保湿(图3-13)。随栽随取,这样有利于小苗栽后成活。

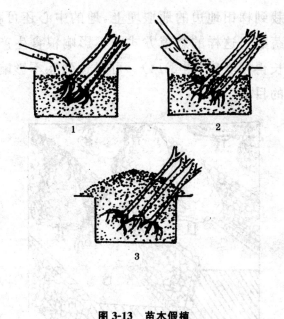

图 3-13　苗木假植

1. 浇水沉实　2. 细土封埋　3. 加土防寒

　　(5) 苗检疫　黑枣树建园,一般是自己育苗栽植。但有时也从外地调运苗木。从外地调运苗木要经过当地林业主管部门检疫。苗木检疫是防止已带感染病虫害,尤其是已感染检疫性病虫害的苗木进行传播的有效手段。对于黑枣新植区而言检疫更为重要。因此,必须严格把关,禁止疫区苗木外运和流入。

26. 黑枣树怎样地埂式栽植?

　　黑枣树须根多,根系粗壮,栽培后容易成活。山区果农常采用地埂式栽培方法。在山区坡地梯田里,把小黑枣苗栽到梯田地边的地堰埂上,地的中心还可种粮食作物或蔬菜。这样的栽植方式既不影响粮食生产,黑枣树也生长得很旺盛(图3-14)。可以达到互不影响,粮果双增产的目的。

图3-14　土埂式栽培

四、黑枣园的建立

27. 山区怎样退耕还林建黑枣园？

黑枣树适应性强，耐瘠薄，是退耕还林，搞好山坡地水土保持的主要树种。在山区发展黑枣树，要因地制宜，合理布局。我国地形复杂，丘陵山地多，黑枣建园要宜山则山、宜坡则坡。一般多根据地形坡向修梯田，梯田面宽不小于 3 米，外边垒石堰。没有石头，梯田外边夯草皮或修成硬埂边，防止水土流失（图 4-1）。修不成梯田的复杂地形，也要以条带长短，修成复式梯田，栽树建黑枣园。

图 4-1　山地梯田建黑枣园

28. 建黑枣园怎样测量？

建黑枣园要先进行等高线测量，先确定梯田的等高线，再从基点往四边测。缓坡宜宽，陡坡要窄。陡坡堰要修高，缓坡堰可低。加行减行看地的宽窄。宽够半行的加半行，不够半行的株距可以缩小。要考虑梯田的排水，坡降要保持 0.3%。

按等高线测量建造梯田，适用于降水量较少的山区。等高线施工方法是在山坡地上按等高线先找好水平，随弯就弯，挖高垫低。把坡高处的土挖起来垫到坡低处，形成水平梯田。梯田较平，外缘稍高，内侧稍低，边缘有地埂，可保持水土不流失（图 4-2）。

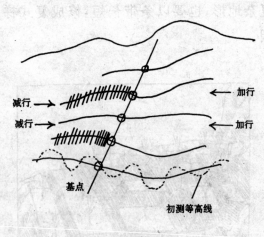

图 4-2　等高线测量

29. 山坡地建黑枣园,修不成梯田的斜坡怎样撩壕建黑枣园?

在坡度较大,不能修梯田的坡地,为了建黑枣园,要先把坡面测量好。按测量的数据挖成水平壕,壕中先栽上黑枣树。壕宽2米,深1米,壕沟的间距4~5米。在壕内还有小蓄水沟,能沉积淤泥,又保护了水土,有利于黑枣树生长(图4-3)。

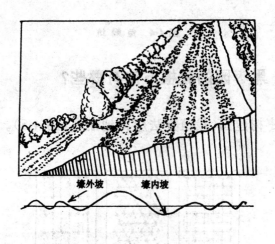

壕外坡　　壕内坡

图4-3　山地斜坡撩壕

30. 山坡怎样挖鱼鳞坑建黑枣园?

有的山区,山坡地多。要利用山坡地建黑枣园,就先在荒坡上挖鱼鳞坑,1树1坑,坑外修边。把石头垒在坑外边。没有石头的地方,也可以在坑边夯草皮。草皮根朝里夯边上。形成坑里低外高中间平。中间栽上黑枣树,防止水土流失。一般坑长2米、宽1米(图4-4)。

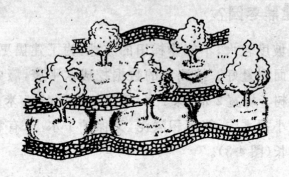

图4-4　鱼鳞坑

31. 黑枣园的栽植方法有哪些?

黑枣树建园,栽植方法应因地制宜(图4-5)。平原好

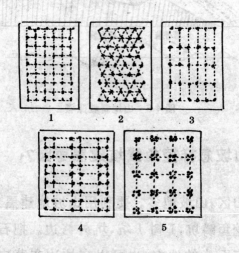

图4-5　栽植方式
1. 正方形　2. 三角形　3. 长方形　4. 带状　5. 丛状

地可按正方形栽植,株、行距可以适当稀些,以 6 米×6 米为宜。幼树期先果粮间作,既长树又收粮,果粮两不误,可以充分发挥土地优势。树长大后,通风透光好,黑枣树长得好,可达到高产、稳产。

32. 山坡旱地黑枣园怎样栽植?

山坡旱地建黑枣园,应按小冠密植长方形栽植,株、行距 4 米×5 米。采用南北行向,这样通风透光好,可达到早结果、多结果的目的(图 4-6)。

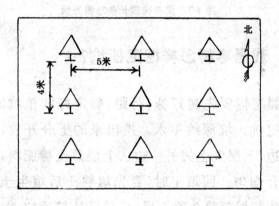

图 4-6　小冠密植长方形栽植

33. 梯田长条地采用什么方式栽植?

山坡梯田长条地,宽达 6 米以上,要采用双行错株距栽植法栽植。外行先栽 6 米 1 株,里行错 3 米栽 1 株。这样株距大,行距小,互不影响下面根系的生长,上面也互不遮光,能发挥品种优势,达到早丰产、多结果的目的(图4-7)。

图 4-7　黑枣建园长条地错开栽

34. 栽黑枣树怎样挖定植坑?

栽黑枣树要先测好株、行距,确定好栽植坑的位置,再开始挖坑。坑深约 1 米。挖出来的土分开放,上层熟土放一边,下层生土放另一边。上层熟土掺肥料,熟土与肥料混合均匀。回填土时,要先填熟土后填生土。这样栽上的树苗根部栽在熟土层上,根系比较适应,树苗成活率高,生长健壮。生土翻到上面,容易熟化(图 4-8)。

35. 怎样确定黑枣树的栽植深度?

黑枣树的栽植深度以埋至树苗上的原土痕为宜。栽得太深,树不长,不发苗;栽得太浅,树露根,不耐旱,成活率低。栽植时将根系充分舒展,苗木扶直。浇水以后要

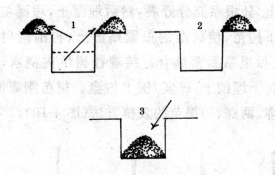

图 4-8　挖定植坑顺序
1. 表土与底土　2. 表土加肥　3. 回填土

少培些细土。冬季防寒用土堆围树干,春季解冻后要把围的防寒土散开,使树干还露在原土痕处。这样栽树,既不露根,温、湿度又适宜,透气性好,树苗成活率高,长得快(图 4-9)。

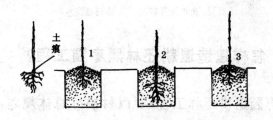

图 4-9　栽植深度
1. 正好　2. 太深　3. 太浅

36. 什么是黑枣树三埋、两踩、一提苗的栽植方法?

先往挖好的坑内填少量掺肥的熟土,把树苗的根放到熟土上,让根系充分舒展,然后埋湿土,埋满坑后要用手提一下树苗,使树苗的根紧贴湿土,再围绕树苗踩一圈,使土和根系紧密结合。接着往树坑内浇水,水渗完后再往树下埋细土,踩实,围上树盘。树苗刚露原土痕。达到三埋、两踩、一提苗的栽植方法(图4-10)。

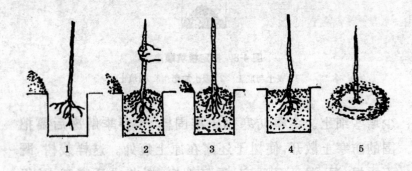

图4-10　黑枣树定植方法

1. 放苗　2. 埋土后提苗　3. 再埋土后踩实
4. 再埋土再踩实　5. 修树盘浇水

37. 怎样建造退耕还林黑枣园工程?

黑枣园退耕还林工程,要以村搞好总体规划,按户设计完成任务。依据山的坡向划分小区,道路要设计在梯田中间,路旁留有排水沟,各小区间应建有蓄水池,雨天把水排进池里蓄存起来,天旱了用池里的水浇树。这样,既不浪费水源,也能把雨季树下的积水排出,有利于黑枣树生长结果(图4-11)。

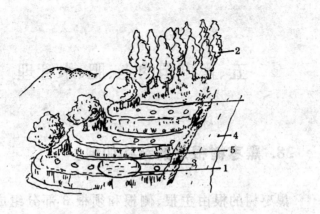

图 4-11 黑枣园工程
1. 蓄水池　2. 护坡林　3. 排水沟　4. 路　5. 土堰

五、黑枣园的土、肥、水管理

38. 黑枣树根系的结构如何？

黑枣树的根由主根、侧根和须根 3 部分组成。根系分枝力强，垂直根可深达 3～4 米，水平分布常为冠幅的 2～3 倍。主根是固定树体、贮藏养分的大根。在主根上四面分生的根叫侧根，主要是向四周延伸生长。须根生在主根和侧根上，它是黑枣树从土壤中吸收养分和水分的主要器官（图 5-1）。

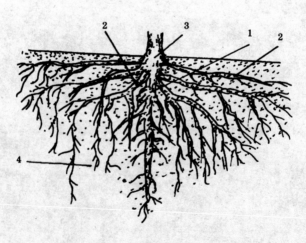

图 5-1　黑枣树根系构造

1. 主根　2. 侧根　3. 根颈　4. 须根

39. 黑枣树怎样扩穴松土？

黑枣树每年春季树下管理时要深翻土壤,每年向外扩大树穴 40 厘米,深 60～80 厘米。3～4 年树冠下全园深翻完。黑枣树根可在疏松的土壤中吸收水分和养分。在扩穴的同时,要结合搞好配方施肥。把土杂肥和有机肥混合拌匀施入穴内,翻入土中,再浇水,更有利于黑枣树生长结果(图 5-2)。

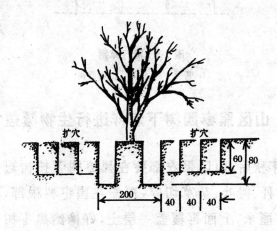

图 5-2 扩穴 (单位:厘米)

40. 黑枣园怎样搞隔行深翻？

黑枣园的土壤管理,常采用隔行深翻的方法。即当年隔一行翻一行,翌年再深翻剩下的一半,全园分 2 年翻完。深翻深度约 60 厘米,深翻的宽度为 3～4 米(图 5-3)。此方法有利于黑枣树根系的生长。

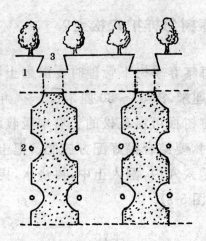

图 5-3　隔行深翻

1. 断面　2. 平面　3. 深翻沟

41. 山区黑枣园树下怎样进行生物覆盖?

每年秋后,山区果农都要在黑枣树下按树冠大小挖坑,把秸秆、树叶、杂草切碎,覆盖在黑枣树根部,覆草厚度约 30 厘米,上面再覆盖一层土,好像给黑枣树过冬盖了一条厚被子(图 5-4)。冬、春季下雪、下雨湿润了秸秆、树叶、杂草并使其腐烂又肥沃了土壤,对黑枣树的生长非常有利。

42. 春季黑枣园如何通过地膜覆盖进行蔬菜育苗?

早春,幼龄黑枣树生长不旺,为避免冻坏小树,果农常在黑枣园里进行蔬菜育苗。树下深翻碎土,整地,做

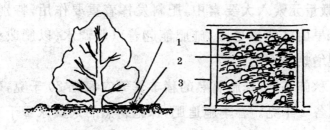

图 5-4　树盘盖草覆盖

1. 压草土或石头　2. 覆草厚 30 厘米　3. 土埂

畦,施肥,浇水,播种后再盖上地膜,地膜四周用土封严。这样既进行了蔬菜育苗,又能提高树下地温,保持土壤墒情,抑制树下杂草生长(图 5-5)。

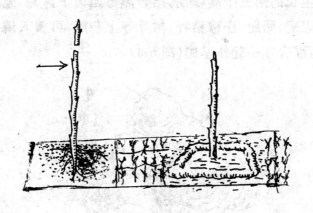

图 5-5　树下地膜覆盖

43. 黑枣园施肥的作用是什么?

通过施肥可以不断地补充黑枣树生长发育所需要的营养,并能调节营养元素之间的平衡。在土、肥、水、气、热、微量元素六大要素中,肥料发挥着重要作用,特别是在干旱山区的黑枣园,施肥能起着以肥调水、以肥改土、以肥增热等作用。

秋施基肥,株施腐熟的猪羊粪等农家肥 20 千克,磷、钾肥各 1 千克。春季施追肥,株施腐熟的人粪尿 1 千克,磷、钾肥各 1 千克。夏末秋初,是黑枣果实膨大期,要追施复合肥,可株施 1.5 千克。

44. 黑枣园什么时间施基肥? 施什么肥?

黑枣园要在秋季施基肥。采收黑枣后,正是黑枣树根系生长的第三个高峰期,结合黑枣园树下深翻,施入长效农家肥、圈肥、庄稼秸秆、树叶等土杂肥,可掺入磷肥和钾肥,混合在一起作基肥(图 5-6)。

秋施基肥

图 5-6　黑枣树秋施基肥

45. 黑枣园什么时间追肥？追什么肥？

春季气温逐渐升高,黑枣树要在萌芽、展叶、出新梢前及时追肥。这时是黑枣树根系生长的第一个高峰期,要多施氮肥,促进黑枣树新梢生长。夏末秋初是黑枣树根系生长的第二个高峰期,这时正是黑枣果实膨大生长期,要及时追施氮、磷、钾混合肥,促进果实生长。追肥要浇施,不伤根。施肥与浇水要相结合,果树容易吸收。

46. 什么是速效肥？黑枣园什么时候施速效肥？怎样施速效肥？

速效肥主要是指能快速发挥肥效的肥料。如化肥中的氨水、尿素、碳酸氢铵、硝酸铵和人们常用的人粪尿等。这些肥料在大自然中容易挥发失效,施肥时要挖坑深施。施入肥料后要用土盖上,不让肥料跑味、失效(表5-1)。

表 5-1　黑枣树需肥料性质速效肥

肥料名称	肥效发挥(%)			开始发挥肥效的时间(天)
	第一年	第二年	第三年	
氨　水	100	0	0	5～7
尿　素	100	0	0	5～10
碳酸氢铵	100	0	0	7～8
人　尿	100	0	0	5～10
人　粪	75	15	10	10～15

速效肥料常用作追肥,施入后要及时浇水,以促进黑枣树生长结果。

47. 什么是长效肥? 黑枣园什么时候施长效肥? 怎样施长效肥?

长效肥主要是指能长年发挥作用的迟效肥,如猪、鸡、牛、羊、骡、马粪,还有秸秆、土杂肥、磷钾肥,这些都是长效肥(表5-2)。在秋季黑枣采收后给黑枣树施入,补充黑枣树长年用的肥料。可作为基肥施入,为黑枣树翌年增产增收打下基础。

表5-2 黑枣树需肥料性质长效肥

肥料名称	肥效发挥(%)			开始发挥肥效的时间(天)
	第一年	第二年	第三年	
圈 粪	32	33	33	12~15
土杂肥	65	25	10	13~20
猪羊粪	45	35	20	15~20
鸡 粪	65	25	10	10~15
牛 粪	25	40	35	15~20
马 粪	40	35	25	15~20
灶 土	70	15	15	12~15
过磷酸钙	45	35	20	10~15

48. 黑枣园怎样间种绿肥？

山区绿肥品种很多，可以在黑枣园内间作，如紫花苜蓿、草木樨、田菁、豌豆、紫穗槐等（表5-3）。秋季把这些绿肥刈割后压在黑枣树下，既能改善黑枣树下的土壤结构，又可提高土壤的保肥保水能力。

表5-3　绿肥养分含量　（单位：千克）

种　类	氮	磷	钾
苜　蓿	0.56	0.18	0.31
草木樨	0.48	0.73	0.44
毛叶苕子	0.67	0.20	0.78
田　菁	0.52	0.07	0.15
豌　豆	0.65	0.15	0.31
紫云英	0.40	0.11	0.35
沙打旺	0.49	0.16	0.20
紫穗槐	1.32	0.30	0.79
桎　麻	0.65	0.15	0.31

49. 黑枣园为什么要间作豆科作物？

黑枣园间作豆科作物，因为豆科作物根部有根瘤，根瘤里含有多种营养成分，可供黑枣树根部吸收。黑枣园间作豆科作物,既保证了黑枣树生长结果,又促进了豆类丰产。

50. 黑枣园怎样环状施肥?

黑枣园环状施肥是在黑枣树下,按树冠外围的投影挖1条环状沟,根据黑枣树的产量确定施肥量,农家肥和产量的比例为1:1,再适当配施磷、钾肥,撒施在环状沟内,再浇水,水渗后再盖土,使黑枣树根部早吸收肥水(图5-7)。

图 5-7　环状施肥

51. 黑枣园怎样穴状施肥?

在黑枣树下,按树冠投影,挖十几个穴状小坑。把肥料撒施在穴坑里,再浇透水。穴里肥料的营养都渗到黑枣树根部,树根吸收快,树长得好(图5-8)。

图 5-8　穴状施肥法

52. 黑枣园怎样放射状施肥？

在黑枣树下,转圈挖几条放射状沟,沟内窄外宽、里浅外深,大约 60 厘米深。把肥料撒施在放射状沟内,再浇水渗透。肥水都渗到黑枣树的根部,树根吸收快,树长得好(图 5-9)。

图 5-9　放射状施肥法

53. 黑枣园怎样浇水?

　　黑枣园浇水应根据黑枣树年生长周期进行。春季黑枣树萌芽、展叶、抽新枝,需要大量的水分供给。这段时间天旱降雨少,土壤含水量低。因此,春季要适当浇透水。夏季是黑枣花芽分化期,不能多浇水,要适当控水。秋季,黑枣采收后是黑枣根系生长的高峰期。这一时间,要结合施基肥,浇透水,以满足休眠期用水(图5-10)。

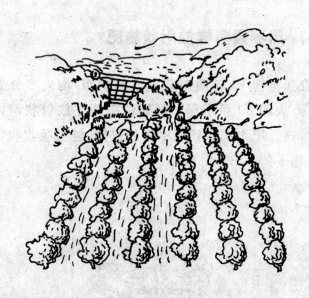

图 5-10　畦灌浇水

　　一年中其他时间用水要根据土壤含水量灵活掌握。要按"促、控、促"的程序浇水。即春天促芽、促枝、促花果要浇透水,夏季花芽分化要控水,秋季营养贮藏要浇足水。

54. 山坡旱地怎样束草浇水?

在山坡旱地黑枣园里,果农浇水时常采用束草浇水的方法。束草浇水就是先在黑枣树下四面挖坑,然后割草绑成捆,把草捆竖在坑里,再往草上浇水、埋土。这样,坑里的草腐烂后,既是浇水,又是施肥(图 5-11)。

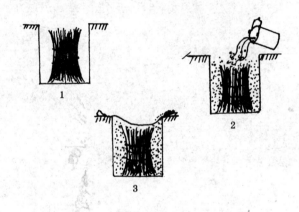

图 5-11 束草浇水

1. 放入草把,顺草把浇入稀释的肥水 2. 填上土使之四边高中间凹 3. 盖上地膜,四周用泥压好

55. 黑枣园怎样排水?

夏、秋雨季,黑枣园容易积水,积水过多、时间过长,土壤不透气,黑枣树容易烂根。所以,夏、秋雨季要及时检查黑枣园有无积水,如有积水,要及时挖沟排水(图 5-12)。

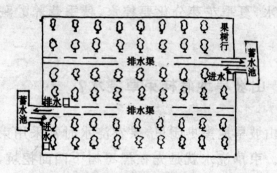

图 5-12　黑枣园排水

六、黑枣树整形修剪

56. 黑枣树整形修剪的目的和意义是什么?

黑枣树整形修剪的目的,一是根据品种特性结合立地条件进行人工诱导,使各主、侧枝布局合理,形成牢固的树体骨架,负担大量的果实;二是通过整形修剪,调整树势,集中营养,使各级枝条定向发展,各得其所,从而改善通风透光条件,提高光能利用率,增加产量,改善品质;三是通过整形修剪,使黑枣幼龄树适龄结果,成年树盛果期延长,老树能更新复壮。

57. 黑枣树树体有哪些名称?

(1)骨干枝 黑枣树树体首先是骨干枝。从地面长起、高1～2米的树体叫主干。由主干上长出的树体为中心干。中心干再向四周生长的枝叫主枝。每个主枝上培养2～3个侧枝。侧枝上再选留结果枝组。在结果枝组前后还要适当配备辅养枝。这些枝组成了黑枣树的树体骨架(图6-1)。

(2)枝条名称 延长枝、发育枝、竞争枝、徒长枝、交叉枝、内膛枝、直立枝、跟枝等(图6-2)。

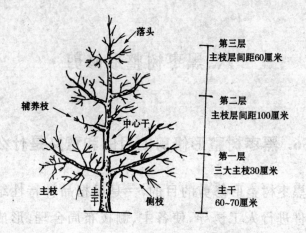

图 6-1 黑枣树树体骨架

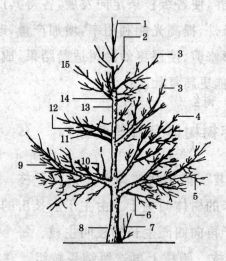

图 6-2 黑枣树枝条名称

1. 竞争枝 2. 跟枝 3. 延长枝 4. 交叉枝,斜出枝

5. 背后枝 6. 把门枝 7. 萌蘖枝 8. 主干

9. 并生枝 10. 直立枝 11. 徒长枝 12. 平行枝

13. 中心干 14. 轮生枝 15. 发青枝

(3) 枝芽名称 叶芽、花芽、顶芽、腋芽、混合芽、副芽、潜伏芽等(图 6-3)。

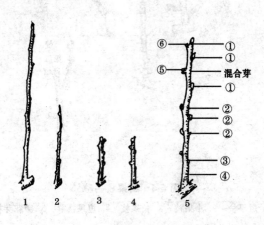

图 6-3 黑枣树枝芽名称

1. 徒长枝 2. 发育枝 3. 雄花枝 4. 雌花枝
5. 各芽着生部位:①花芽 ②叶芽 ③潜伏芽 ④副芽 ⑤混合芽 ⑥顶芽

58. 黑枣树结果枝有什么名称和特性?

黑枣树树体大,容易形成结果枝,而且结果枝寿命长。结果枝共分 4 类:15 厘米以上的叫长果枝;10 厘米左右的叫中果枝;8 厘米以下的叫短果枝;5 厘米以下的叫短果枝群(图 6-4)。黑枣树连续结果能力强,结果枝除受伤或衰老枝外都不短截。

59. 黑枣树疏散分层形树体的结构是怎样组成的?

黑枣树疏散分层形树体结构共分 2 层或 3 层,层间距 1~1.5 米。主枝以下是主干,主干高度一般为 1.5~2

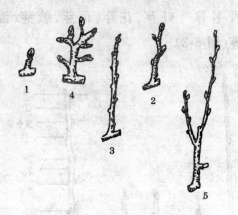

图 6-4 结果枝名称

1. 短果枝　2. 中果枝　3. 长果枝　4. 短果枝群　5. 腋花芽枝

米。主枝以上是中心干;中心干高 3～4 米。主枝有 3～4
个,分别着生在主干的各个方向。每个主枝上着生 2～3
个侧枝,先后错开选留。除了主侧枝,辅养枝也属于骨干
枝(图 6-5)。

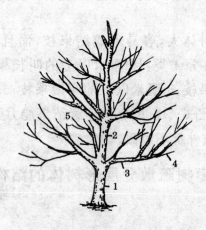

图 6-5 疏散分层形树体结构

1. 主干　2. 中心干　3. 主枝　4. 侧枝　5. 辅养枝

60. 黑枣树修剪怎样采用轻剪、中剪、重剪的方法？

黑枣树常采用轻剪、中剪和重剪的方法进行修剪。

(1) 轻剪　轻剪是剪去枝条顶端的一部分，剪口下留半饱芽。留芽多，顶端优势减弱，枝条萌芽力高，形成中短枝多，有缓和枝势、促进花芽分化的作用(图6-6)。

图 6-6　轻　剪

1. 轻剪前　2. 轻剪后

(2) 中剪　在枝条中部修剪。剪口下留饱芽。经中剪，枝条成枝力高，生长势强。中剪常用于主枝延长枝的修剪和培养大型结果枝组(图6-7)。

(3) 重剪　在枝条的下部修剪。剪口下留半饱芽。剪后枝条萌芽少，一般只在剪口下生1～2个旺枝，徒长

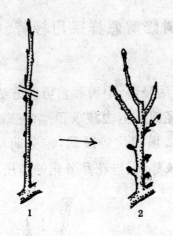

图 6-7 中 剪

1. 中剪前　2. 中剪后

生长，形不成花芽（图 6-8）。

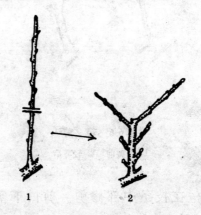

图 6-8 重 剪

1. 重剪前　2. 重剪后

61. 黑枣树修剪怎样采用回缩、疏枝、长放的修剪方法?

(1)回缩 指对黑枣树多年生枝或枝组的短剪。多用于骨干枝换头,控制辅养枝生长,培养结果枝组和老枝组更新(图 6-9)。

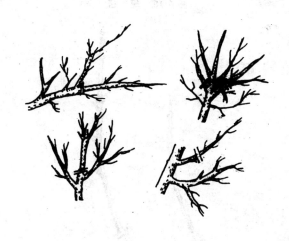

图 6-9 回 缩

(2)疏枝 指从枝条的基部疏除。疏枝既可以改善通风透光条件,又利于养分的积累和花芽的形成。对剪口以上的枝条可削弱其生长势,对剪口以下的枝条可促进其生长(图 6-10)。

(3)长放 一般在旺树非骨干枝上应用。经长放不剪的枝,停止生长早,有利于花芽分化和提早结果。在幼龄树上应用效果明显(图 6-11)。

图 6-10 疏 枝

图 6-11 长 放

62. 黑枣树可修剪成的树形有哪些?

黑枣树是多年生果树,必须从幼树起就要整形,建立一个良好的树体结构。合理的树体结构应是骨架牢固、各类枝条配备适当,能充分利用空间和光照,树冠圆满紧凑,便于生产管理。黑枣树常用的树形有:疏散分层形、自然圆头形、自然开心形。

63. 黑枣树整形的原则是什么?

黑枣树整形是根据黑枣树生长的立地条件、栽培品种、管理技术等因素决定的。整形修剪的原则是:长远规划、全面安排、均衡树势、主从分明、因树修剪、随枝做形、有形不死、无形不乱的原则。

64. 黑枣树疏散分层形的主要特点是什么?

黑枣树疏散分层形的主要特点是有明显的中心领导干,6~7个主枝分层着生在主干和中心干上(图 6-12)。这种树形的优势是主干、主枝和中心干结合牢固,负担量大、产量高、寿命长。主枝分层着生、通风透光好,适宜在平整肥沃地里选留。

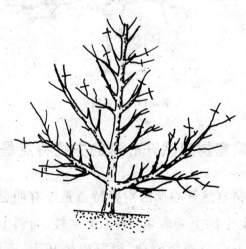

图 6-12　疏散分层形树形

65. 黑枣树自然圆头形的主要特点是什么?

　　黑枣树自然圆头形的主要特点是无明显的中心干,具有成形快、结果早、整形简单等特点,适宜于肥水条件差的山坡梯田里小冠密植。栽植当年秋季落叶后定干高度为 1.2～1.5 米,选留 3～4 个主枝,不分层,向四面生长,各主枝间间距 30～40 厘米,栽后 4～5 年成形(图 6-13)。

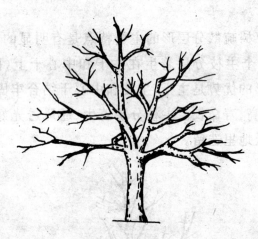

图 6-13　自然圆头形

66. 黑枣树自然开心形的主要特点是什么?

　　黑枣树自然开心形的主要特点是没有明显的中心领导枝,在主干的上端着生 3～4 个主枝,向斜上方自然生长。主枝上分层着生侧枝,树冠比较开张,通风透光好,树冠低,便于管理。适宜背坡地选留(图 6-14)。

图 6-14 自然开心形

67. 黑枣幼树怎样整形修剪？

黑枣幼树根性强、生长旺盛、分枝角度小、顶端优势强。萌芽力和成枝力也较强。一般嫁接后 5～6 年就可结果。树形多采用主干疏层形。主干高 100～150 厘米，第一层选留 3～4 个主枝，第二层选留 2 个主枝，第三层选留 1～2 个主枝。层间距为 120 厘米。每个主枝上选留 2～3 个侧枝。各主侧枝间要错开，互不影响，各有伸展空间，以利于通风透光（图 6-15）。

68. 黑枣树初果期怎样修剪？

黑枣树在初果期整形，要根据生长情况，在主侧枝上错开选留大、中、小枝组。对各延长枝头进行短截，促其多发枝，早成形。并因枝制宜，进行适当的缓放，促其成花。进入初果期后，因黑枣树成花容易，除各延长枝和培

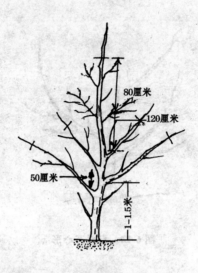

图 6-15　疏散分层形幼树整形

养枝组外,中庸枝一般不短截,待其结果后再进行回缩,使其形成很好的结果枝组。同时,注意控制旺枝徒长枝,开角扩冠,均衡树的生长势(图 6-16)。

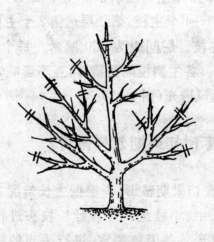

图 6-16　黑枣树初果期修剪

69. 黑枣树盛果期怎样修剪？

黑枣树进入盛果期后,树形基本形成。树势开张,大枝弯曲,易与邻枝、邻树交叉。结果部位外移,下部枝组有枯死。此期的主要问题是大枝过多,交叉重叠,互相影响,开花多,落花落果严重。此时修剪的主要任务是处理好辅养枝,改善通风透光条件,回缩枝头,注意枝组的更新复壮,细弱果枝要适当短截,留足预备枝,确保黑枣树连年稳产高产(图 6-17)。

图 6-17　黑枣树盛果期修剪

70. 黑枣树衰老期怎样修剪？

黑枣树到了衰老期,每年采收后要更新复壮老弱枝、回缩细弱枝,使其发出新枝。要多留主枝两侧的壮枝组。对于中庸枝组也要隔一剪一,有新有旧,调换结果。10 个枝组要剪 4～5 个,使其轮换结果(图 6-18)。

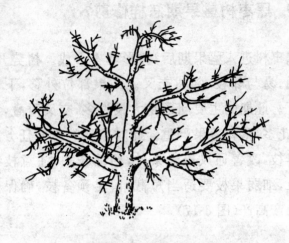

图 6-18　黑枣树衰老期修剪

71. 放任不管的黑枣树怎样修剪?

黑枣树有多年只收不管理的,表现为内膛严重光秃;大枝多、小枝少;结果枝交叉重叠,结果部位严重外移;枝组配备不齐,产量低而不稳。此期修剪的原则是逐渐落头,控制树高;疏缩部分大枝,抬高角度,扩大层间距,复壮树势;改善通风透光条件,利用内膛萌发的徒长枝,培养各类结果枝组,形成立体结果,促使稳产、高产(图 6-19)。

72. 黑枣树怎样采用三稀、三密修剪法修剪?

黑枣树提倡采用三稀、三密修剪法修剪。概括为上

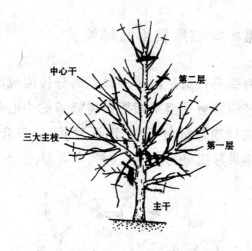

图 6-19　放任不管树修剪

稀下密透光好，外稀里密通风光；大枝稀了骨干牢，小枝密了结果多。采用此法修剪可促使黑枣树多结果（图 6-20）。

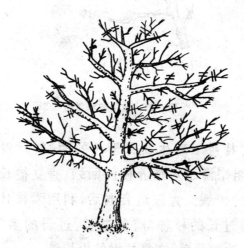

图 6-20　三稀、三密修剪法

73. 黑枣树结果枝组怎样修剪？

黑枣树结果枝组是由 2 个以上的分枝构成的结果母枝。结果枝组修剪是盛果期黑枣树修剪的中心任务。理想的结果枝组应靠近骨干枝、牢固健壮、分布合理、叶果比适当。结果枝组分为大、中、小 3 个类型（图 6-21）。

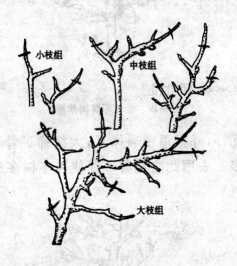

小枝组　中枝组　大枝组

图 6-21　结果枝组类型

（1）**大枝组**　着生在骨干枝的两侧，呈斜生紧凑状态。大枝组来源于对辅养枝的回缩、直立徒长枝的改造和中枝组的扩展。大枝组衰弱后，利用强枝壮芽带头复壮，要缩剪过长的枝轴，疏剪过长、过弱的多年生分枝。集中光照，改善营养，恢复枝组的生长势。

（2）**中枝组**　分布在大、小枝组之间，数量少，结果可靠。中枝组的来源是小枝组发展、发育枝截放和大枝组改造。中枝组衰弱后,复壮方法有用强枝壮芽带头、疏截花芽、减少负担、改善光照。

(3)小枝组 体积虽小,但数量较多,在全树产量中占重要地位。因受大、中枝组的影响,寿命较短。小枝组是由结果枝连续结果,或中枝组缓放结果后回缩产生的。小枝组的修剪要以强枝壮芽带头,疏除下垂细弱枝,在各段骨干枝上培养枝组。修剪原则为:一要先放后缩;二要先截后放,或用连截的方法。

74. 黑枣树枝组怎样进行先截后放修剪?

黑枣树发枝多,在树冠成形后,修剪枝组时多采用先截后放的修剪方法。把黑枣树的主侧枝延长头轻剪留芽,扩大树冠,经过 2 年能培养成结果枝组。第三年再回缩结果枝,培养预备枝,翌年使其结果(图 6-22)。

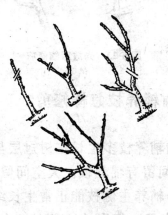

图 6-22 先截后放修剪

75. 黑枣树枝组怎样进行先放后缩修剪?

黑枣树生长成形后,进入旺盛结果期。枝组安排适当,可采用先放后缩的修剪方法。把前1年修剪安排好的枝组先放1年不剪,使其多萌发花芽、多结果。翌年枝重叠紊乱时再随枝回缩,形成新的枝组(图6-23)。太旺的枝组,先放1年不剪,等枝转弱形成花芽结果后再回缩。多年生的发育枝,要逐年回缩,形成结果枝组。细弱的小枝组,缓放也能发出新枝,再进行复壮回缩,形成结果枝组。

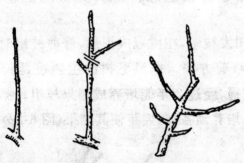

图 6-23　先放后缩修剪

76. 黑枣树辅养枝怎样修剪?

黑枣树上的辅养枝多生长在树冠层与层间有空隙的地方,或主干空间留有辅养枝。大空间留大辅养枝,小空间留小辅养枝。辅养主侧枝能正常生长结果。辅养结果枝结果能增加产量。但影响主侧枝生长的辅养枝要剪除,以促进主侧枝生长结果(图6-24)。

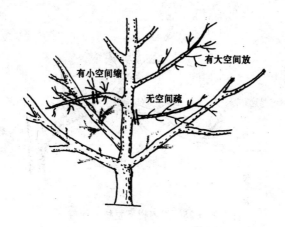

有小空间缩

有大空间放

无空间疏

图 6-24　黑枣树辅养枝修剪

77. 黑枣树下垂枝怎样修剪?

黑枣树结果枝寿命长,但多年结果容易导致结果枝下垂。结果枝下垂后易衰老,应早留芽、早更新复壮。在下垂枝背上选留饱满芽,回缩更新,促使其分枝,形成枝组结果(图 6-25)。

78. 黑枣树上的枯枝怎样修剪?

多年生长结果的黑枣老树,树上有因病害、虫害产生的枯枝,多年结果累伤枝头,导致树势衰弱,营养不足而枝梢枯死。无论是病枯、虫枯还是结果过多枯死,这些枯枝都没用,要及时发现,回缩去除,促进其他枝正常生长结果(图 6-26)。

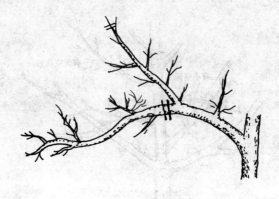

图 6-25　黑枣树下垂枝回缩剪

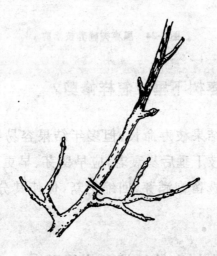

图 6-26　黑枣树枯梢及时回缩

79. 黑枣树上的交叉枝怎样修剪？

　　黑枣树生长时间长，主侧枝、辅养枝互相重叠，交叉生长的多。每年修剪时应及时处理交叉重叠枝。主侧枝交叉后，要侧让主，先让主枝生长，剪截侧枝或枝组。辅养枝同主侧枝交叉,要回缩辅养枝,让主侧枝生长。对于并生枝要采用一伸一缩的修剪法,使其互相错开生长,不再重叠、并生(图 6-27)。

图 6-27　交叉枝修剪

80. 修剪时怎样锯大枝?

　　黑枣树秋后大修剪时,往往会碰到几十年的老粗枝,妨碍黑枣树生长结果,要及时锯除,以节约营养,促使其他枝生长。在锯除大枝时,要注意锯除方法,一定要先从枝的基部由下往上先锯个口,再从上对准下口往下锯,这样锯下来不劈枝,受伤小(图 6-28)。

81. 黑枣不正常树形怎样改造修剪?

　　(1)上强下弱树形的改造修剪　黑枣树树冠上强下弱,是因为整形时基部主枝开张角度过大,第二层以上主枝、辅养枝留得过多,修剪量过轻造成的。应抬高第一层

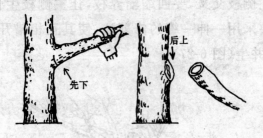

图 6-28　锯大枝要先下后上

主枝的角度,增加分枝,压缩第二层主枝、辅养枝,疏除多余枝,中心干由大换小,削弱其生长势(图 6-29)。

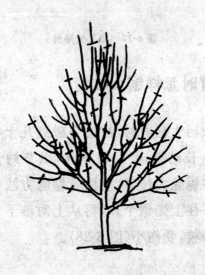

图 6-29　上强下弱树形的改造修剪

(2)下强上弱树形的改造修剪　黑枣树树冠下强上弱,是因基部主枝开张角度小,中心干过度弯曲造成的。

应加大主枝的角度,扶直中心干,多留辅养枝、加强上部生长,逐步平衡树势(图 6-30)。

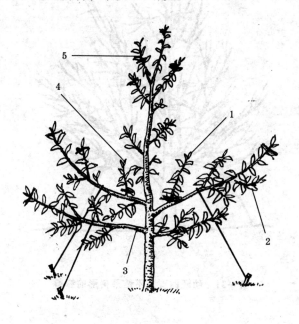

图 6-30　下强上弱树形的修剪

1. 疏直立枝　2. 扭梢　3. 环剥　4. 疏内膛　5. 疏竞争枝

(3)幼旺树冒条不结果的修剪　对幼旺冒条不结果的树要缓和树势,尽量少短截,改秋剪为晚春剪,结合夏剪撑、拉、开张角度,削弱树势,多生长中短枝,形成花芽早结果(图 6-31)。

(4)多年不剪的树改造修剪　对于多年不剪的放任树不要强求树形。先开张角度,选生长势好的枝作主、侧枝,打开层次,调整好主从关系,上强枝组要换弱枝带头,抑前助后;衰弱枝组应去弱扶强,短截营养枝,促其萌发新枝,扶助树势(图 6-32)。

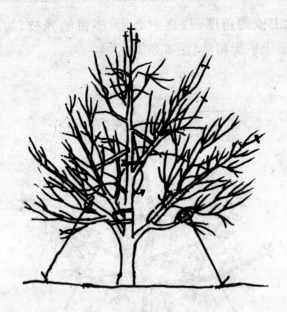

图 6-31 幼旺树冒条不结果树形的修剪

图 6-32 多年不剪的树改造修剪

(5)双中心干树的改造修剪 对于双中心干树,要缩一留一,明确主从关系,缩回去的枝要逐渐改造成结果枝组(图6-33)。

图6-33 双中心干树的改造

(6)偏形树的改造修剪 对于偏形树要采用撑、拉等方法,弥补缺枝的一侧。枝多的那一侧要疏枝,抑强扶弱,平衡树势(图6-34)。

(7)黑枣老树的改造修剪 对于疏散分层形的黑枣老树,要抬高延长枝头,疏去交叉密枝、结果部位外移枝、焦梢干枯枝、下垂枝,回缩老枝、大枝,疏下留上,复壮树势(图6-35)。

(8)黑枣大树搭接修剪 黑枣大树搭接后,互相遮光影响结果,要随枝做形、跑单条、上下错开,剪下留上、以果压冠等方法,促使其多结果(图6-36)。

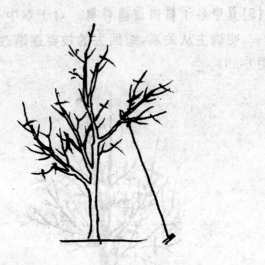

图 6-34 偏形树的改造

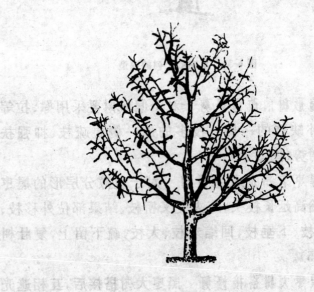

图 6-35 老树的改造修剪

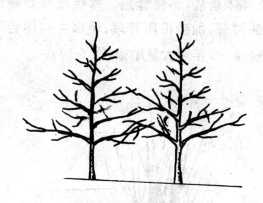

图 6-36 搭接修剪

82. 黑枣树怎样改劣换优多头高接？

我国许多地方有野生黑枣砧木树或有核黑枣树,由于果实品质不好或结果少,就没有很好利用。其实这些树的树冠已成形,只要采用多头高接换头的方法,很快就能改劣换优,达到高产优质的目的。

春季进行枝接时,一般在砧木芽萌动前后嫁接。嫁接头数与树体大小相关,如 10 年生树可接十几个头,20 年生树可接 20 多个头。接口较小,一般直径为 3 厘米,1 个接口 1 个接穗,便于捆绑。嫁接快,成活率高。砧木离皮可采用插皮接,用蜡封接穗包扎。

在大树上进行多头高接时,要先把砧木树上所有的头都锯好后再嫁接,不能接一个锯一个,以免锯头时碰坏已经接好的枝头。多头高接应在一年内完成,不可多年嫁接,以免树体紊乱,不便管理。嫁接枝头要高低错开,形成合理的树冠,加强田间管理,使多头高接后1～2年能恢复树冠,2～3年可大量结果(图6-37)。

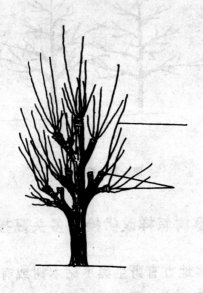

图6-37 改劣换优多头高接

83. 修剪黑枣树用什么工具和保护剂？

黑枣树修剪常用的修剪工具有修枝剪、手锯、高枝剪、高枝锯、剪套、高凳、四腿梯和三腿高梯等(图6-38)。

修剪时给树造成的伤口,应涂保护剂消毒。常用保护剂是接蜡。接蜡的原料是松香4份,蜂蜡2份,兽油1份,配制时用温火把松香化开,再加入蜂蜡、兽油,熔化后充分搅拌,使其混合均匀,然后倒入冷水中,使其冷却,最后用手搓成团备用。用时放在火上加热化开即可。

图 6-38 修剪工具

1.高凳 2.高梯 3.高枝锯 4.高枝剪

5.剪 6.锉 7.手锯

七、黑枣树病害防治

84. 怎样防治黑枣树枣疯病?

黑枣树上常会发生枣疯病。症状是春天发芽较晚,新梢旺长,枝丛生,叶大而薄、灰绿色,枝梢焦枯,结果少。6～7月份发病重,叶脉变黑,叶面凹凸不平。黑枣果实变软,早脱落(图7-1)。

图7-1 黑枣树枣疯病

1. 病果 2. 病枝病叶

防治方法是在黑枣树发病后,在黑枣树主干上打孔,输青霉素液。每株用药量为 6 克,每隔 10 天输 1 次,连输 2 次即可。

85. 怎样防治黑枣树根癌病?

黑枣树的根癌病,主要危害黑枣老树的根。根部生成木质瘤,树势衰弱,叶卷曲。病菌在土壤中越冬(图 7-2)。黑枣树生长在低洼地带时,根部积水,容易发生此病。所以,雨后树下要勤检查,如发现有积水,要及时排除。树下要多施有机肥,促进树体生长,要尽量避免黑枣树伤根。

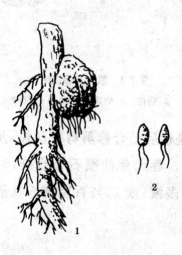

图 7-2 黑枣树细菌性根癌病
1. 症状　2. 细菌放大

86. 怎样防治黑枣树黑星病？

黑枣树黑星病主要危害黑枣树叶和果实，引起黑枣树早落叶。病菌在枝梢上越冬，5～6月份经风雨传播（图7-3）。

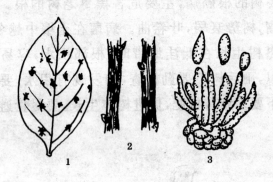

图7-3 黑枣树黑星病
1. 病叶 2. 病梢 3. 病原菌：分生孢子及分生孢子梗

防治方法是秋后结合修剪剪去病枝，及时清除病叶、病梢，集中烧掉。春天芽前喷石硫合剂，5～6月份再喷1%等量式波尔多液，或25%百菌清500倍液，可防治黑星病发生。

87. 怎样防治黑枣树角斑病？

黑枣树角斑病主要危害黑枣树叶片，使黑枣树叶片形成多角形。病菌分生孢子丛生，在叶片上越冬（图7-

4)。6～7月份雨季,病菌借风雨传播发病重。树叶早脱落,黑枣未成熟就变软脱落。

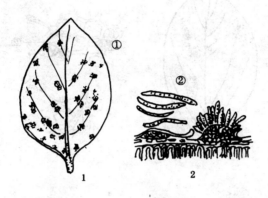

图 7-4 黑枣树角斑病
1. 病症 2. 病原菌:①分生孢子 ②孢子梗

防治方法是要及早清除枯枝、病叶、病蒂。6月份病情严重时要喷60%代森锌可湿性粉剂600倍液,每隔10天喷1次,连喷2次。

88. 怎样防治黑枣树白粉病?

黑枣树白粉病危害黑枣树叶片,5～6月份易发病。黑枣树叶上密集小黑点,秋后叶片呈白粉状。病菌在叶片中越冬(图7-5)。

防治方法是秋后及时清除落叶,集中烧毁。春季黑枣树萌芽前喷0.3波美度的石硫合剂。6月份再喷1%等量式波尔多液,隔10天再喷50%多菌灵1000倍液,可达

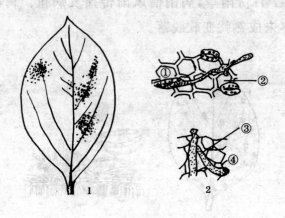

图 7-5 黑枣树白粉病

1. 病症   2. 病原菌：①分生孢子   ②发芽管生成的

固着器   ③分生孢子   ④吸器

到防治效果。

89. 怎样防治黑枣树叶枯病？

黑枣树叶枯病主要危害黑枣树叶片，发病叶片有轮纹，正面萌发病斑小粒点；后期果实开裂有病斑和分生孢子盘（图 7-6），品质低劣，不能食用。

防治方法是发现病叶、病梢及时剪除，集中用火烧掉。防治此病芽前要喷 5 波美度的石硫合剂，在 6 月份喷 1％等量式波尔多液。此病严重时喷 65％代森锌可湿性粉剂 600 倍液。

图7-6　黑枣叶枯病

1. 病梢　2. 分生孢子

90. 怎样防治黑枣树炭疽病？

　　黑枣树常会发生炭疽病,炭疽病的病原菌分生孢子常感染黑枣树新梢,使新梢由嫩绿色变成红紫色并发软,新梢腐朽枯干。果实发病时果肉凹陷呈近圆形,逐渐由绿色变成黄色、红色,变软后脱落(图7-7)。

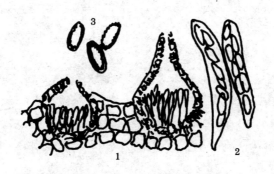

图7-7　黑枣树炭疽病病原菌

1. 子囊壳　2. 子囊　3. 子囊孢子

防治方法是发现有病枝、病果要及早剪除，防止传播蔓延。春季芽前喷石硫合剂预防此病。在 6 月份喷波尔多液。

八、黑枣树虫害防治

91. 怎样防治黑枣树舞毒蛾？

黑枣树舞毒蛾为害黑枣树叶片。1年发生1代。长年食害黑枣树叶片。白天潜伏在叶背面、树皮缝隙中,夜间出来食害树叶(图8-1)。

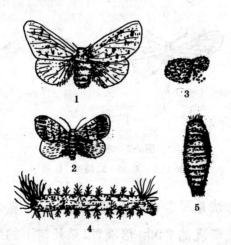

图8-1　舞毒蛾
1.雌成虫　2.雄成虫　3.卵　4.幼虫　5.蛹

防治方法是在树下扣瓦片,捕捉舞毒蛾幼虫。6～7月份可喷50%辛硫磷乳油1000倍液。也可在黑枣树主干上涂药膏,幼虫上树触药膏后可被毒死。

92. 怎样防治黑枣树木橑尺蠖?

黑枣树木橑尺蠖是为害黑枣树的主要害虫。1年发生1代,以蛹在土里越冬。7月份天气转暖后,蛹羽化为成虫,食害黑枣树叶片。一般群集暴食,为害严重(图8-2)。

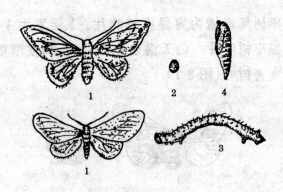

图 8-2 木橑尺蠖
1.成虫 2.卵 3.幼虫 4.蛹

防治方法是早春在树下挖虫蛹。3~4龄时在树下喷50%亚胺硫磷乳油2 000倍液,以杀死树下的蛹和幼虫。

93. 怎样防治黑枣树黄刺蛾?

为害黑枣树的害虫还有黄刺蛾,1年发生1代。幼虫在树枝上结茧越冬。春天天气转暖后蛹羽化为成虫。成虫产卵,卵孵化成幼虫。幼虫食害黑枣树叶片,把叶肉吃光,只留叶脉(图8-3)。

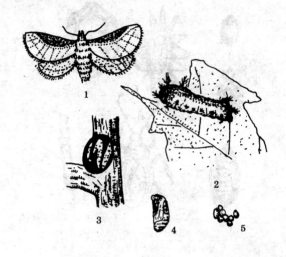

图 8-3 黄刺蛾

1. 成虫 2. 幼虫 3. 茧 4. 蛹 5. 卵

防治方法是在冬、春季剪掉树枝上的虫茧烧掉。幼虫出茧为害时喷 20％氰戊菊酯乳油 3 000 倍液,或 90％敌百虫晶体 1 500 倍液。

94. 怎样防治黑枣树介壳虫?

介壳虫是为害黑枣树嫩枝、嫩叶、幼果的主要害虫,影响黑枣的产量和质量。此虫 1 年发生 1 代,茧在黑枣树皮缝内越冬(图8-4)。

防治方法是在春季芽前喷石硫合剂。树枝干上发现若虫后要喷 50％马拉硫磷乳油 1 500 倍液。

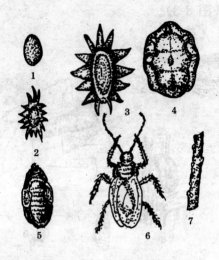

图 8-4 黑枣树介壳虫

1.卵 2.若虫 3.雄虫 4.雌虫 5.雄蛹 6.雌虫 7.被害状

95. 怎样防治黑枣树斑叶蝉?

斑叶蝉也叫小浮尘子,是为害柿树、黑枣树的主要害虫。成虫、若虫都为害黑枣树叶片,使黑枣树叶片早期褪绿,影响光合作用,削弱树势。1 年发生 3 代,7 月份为害最严重(图 8-5)。

防治方法是在 7 月份喷 50％马拉硫磷乳油 1 500 倍液。

96. 怎样防治黑枣树铜绿金龟子?

黑枣树铜绿金龟子为害黑枣树叶片,成虫在树下土

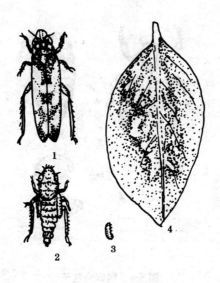

图 8-5　黑枣树斑叶蝉

1. 成虫　2. 若虫　3. 卵　4. 被害状

中越冬。春季天气转暖后，成虫上树为害树叶和果实（图8-6）。

防治方法是利用成虫有假死的习性，早、晚振树捉成虫。成虫为害树叶严重时，可喷50％马拉硫磷乳油1 500倍液。每隔7天喷1次。连续喷2次效果好。

97. 怎样防治黑枣树蚱蝉？

黑枣树蚱蝉的虫卵在树枝内越冬。春季孵化出的若虫钻到土里吃树根。夏、秋季成虫咬破嫩枝，把卵产在嫩枝里，使嫩枝枯死（图8-7）。

图 8-6　铜绿金龟子

1. 成虫　2. 蛹　3. 卵　4. 幼虫

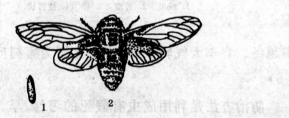

图 8-7　黑枣树蚱蝉

1. 卵　2. 成虫

　　防治方法是秋季后若发现树上有枯枝,要剪下来集中烧毁。夏天傍晚挖蚱蝉的若虫,集中烧毁。防治成虫可喷 20％氰戊菊酯乳油 2 000 倍液。

98. 怎样防治黑枣树扁刺蛾?

黑枣树扁刺蛾的幼虫主要为害黑枣树叶片,严重时可把树上叶片吃光。幼虫在树下土里越冬。此虫 1 年发生 1 代,8 月份为害严重(图 8-8)。

图 8-8 扁 刺 蛾
1. 雌成虫 2. 雄成虫 3. 茧 4. 蛹 5. 幼虫 6. 卵 7. 为害状

防治方法是在为害严重时,叶面喷 90% 敌百虫晶体 1 500 倍液。

99. 怎样防治黑枣树大蓑蛾?

大蓑蛾分布很广,在我国南、北方都有发生。是为害果树林木的主要害虫。

黑枣树大蓑蛾1年发生1代,老熟幼虫常于挂在树梢上的袋内越冬。6月份幼虫出茧群集,严重食害黑枣树叶片(图8-9)。

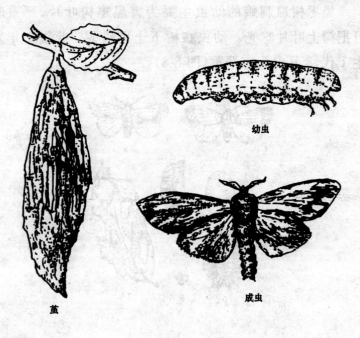

幼虫

茧

成虫

图8-9 大蓑蛾

防治方法是为害严重时叶面喷 90％ 敌百虫晶体1 500 倍液。

100. 怎样防治黑枣树上的鸟害麻野鸡?

初冬季节,黑枣树叶片已落,黑枣就要成熟。这时为害黑枣的鸟害麻野鸡,开始啄吃黑枣果实,有时成群为害

（图 8-10）。

图 8-10　鸟害麻野鸡

防治方法是可绑竖草人，穿上破衣裳，戴上草帽，手拿长杆伪装打鸟，使鸟不敢接近；或在树间拉上丝线网，网套害鸟，防止为害。

九、黑枣的采收、包装与销售

101. 怎样确定黑枣的采收时间？

黑枣果实成熟迟，一般秋后黑枣果实由绿色变成黄色再变成紫色，可认为黑枣成熟。霜降节气后，黑枣果实变为赤褐色。到了立冬节气，黑枣果实方可采收。立冬后选晴天上午采收(图9-1)。

图9-1 打黑枣

102. 怎样采收黑枣果实？

到立冬节气后,黑枣随着天气变冷,果实逐渐成熟,要选晴天上午采收黑枣。采收时先把黑枣树下的荒草割掉,收拾干净树叶杂物,再在黑枣树下铺接布,人上树采收。黑枣树高大、果实小、结果多。人不能采摘的,只能用前端有铁钩的长竹竿,铁钩钩住果枝摇动,使枣落在接布上。打完后,拣去接布上的碎枝、枝叶、杂物,收起黑枣运回家,摊在房顶上晾晒。

103. 黑枣果实怎样晾晒？

黑枣果实采收后,要及早摊撒在房顶上晾晒。房顶打扫干净后,薄薄撒一层黑枣摊撒均匀,经常翻动使黑枣果实充分晾晒后熟。如遇雨天,要收起来用塑料薄膜盖好。晾晒 10~15 天,果实呈灰黑色,柔软收缩,果皮松,果肉松软有弹性,口感沙甜可口,质地优良(图 9-2)。

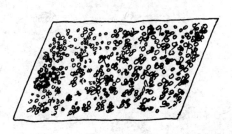

图 9-2 黑枣晾晒

104. 黑枣商品销售是怎样包装的？

黑枣经过晾晒后熟后，要包装外运销售。黑枣的包装箱采用打孔硬纸箱。包装前要选好黑枣等级。每箱重量一致。包装箱上标明果品名称、等级、数量、产地等。包装容器一致、整洁干燥、牢固透气、美观大方，无污染、无异味（图9-3）。

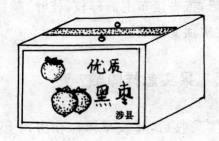

图 9-3　黑枣商品包装

十、黑枣树周年管理

105. 黑枣树春季怎样管理？

第一，1～2月份天气寒冷，黑枣树正处在休眠期。此时黑枣树下要清理干净，防治病虫害。剪掉枯枝，摘除残果病叶。刮除树干病皮，集中烧毁。

第二，继续完成冬剪。趁着1～2月份休眠期继续完成冬剪。把剪下的枝条收集在一起，运出黑枣栽培区。

第三，锯口涂保护剂。修剪时，锯除较粗枝后，要涂保护剂保护。保护剂可用油漆、接蜡、松香、动物油脂等。

第四，3月份是黑枣树被迫休眠期，土地已解冻，黑枣树下要春耕。在树下刨树盘。坡地黑枣树下外边围半圈，保持水土，早施肥，浇透水。

第五，深翻改土。趁早春农闲，可在山坡黑枣栽植区修边垒堰，深翻改土，修整梯田。

第六，3月中下旬土地解冻后，在山坡地新建黑枣园。建园栽植要以南北行向。沟地肥沃要稀植，行株距6米×4米。山坡旱地要密植，行株距为5米×4米或4米×4米。

106. 黑枣树夏季怎样管理？

第一，4月份正是黑枣树萌芽抽梢期。4月初要用石灰和硫黄粉熬制石硫合剂。芽前喷 3～5 波美度的石硫合剂,可防治病菌和介壳虫、红蜘蛛等为害。喷药时要周到细致,大、小枝都要喷到。

第二,5 月份是黑枣树开花期,5 月初要给黑枣树花前追肥、浇水。追施速效氮肥,每 667 平方米施尿素 30 千克;人粪尿每株 1 桶。深翻穴施,施后盖土。早追肥可提高坐果率,促进花芽分化。

第三,6 月份是黑枣树幼果膨大期,黑枣树若营养不足,容易落花落果。所以,要进行叶面喷肥,喷施 0.2%～0.3%磷酸二氢钾溶液,每隔 10 天喷 1 次,连续喷 2 次,可减少落花落果、提高坐果率。

第四,黑枣树夏季易徒长,6 月份要适当进行夏季修剪,疏除过密的直立徒长枝、交叉枝、重叠枝。位置好的辅养枝要摘心,促使结果。

第五,夏季雨水多,黑枣园易生杂草,要加强中耕锄草,排积水。

107. 黑枣树秋季怎样管理?

第一,7 月份黑枣树易发生病虫害。发生黑枣树丛枝病时,发现丛枝要早剪除。尺蠖、刺蛾、叶蝉等害虫为害黑枣树叶、花和果实。害虫为害严重时,可叶面喷施 90%敌百虫晶体 1 000 倍液,连喷 2 次。

第二,8 月份黑枣树下杂草生长旺盛,要及时中耕锄草,也可以喷除草剂除草。在山坡荒草地栽的黑枣树,要挖草皮块,在距树 1 米的下坡边垒半圈,草根朝上,这样既给黑枣树增施绿肥,又给黑枣树蓄水保墒,促进黑枣树快长多结果。

第三,9 月份是黑枣树果实膨大期,黑枣快要成熟时鸟害发生严重。特别是乌鸦和麻野鸡啄食黑枣果实。但是春、夏季乌鸦和麻野鸡又啄食树上害虫,保护黑枣树,不能毒杀。所以,只能在树下绑草人,或在树间拉上丝线网,防治鸟害。

108. 黑枣树冬季怎样管理?

第一,采收黑枣。10 月下旬,黑枣由黄色变成褐色再变成黑色,逐渐成熟,进行采收。

第二,晾晒黑枣。11 月份黑枣采收后运回家,可在房顶、石板上铺席片或草帘晾晒。使黑枣由硬变软、由软变柔、由涩变甜、由光变皱,即可收起装箱销售。

第三,黑枣树冬剪。12 月份黑枣树进入休眠期,要进行冬季修剪。小树冬剪定干高为 1.2~1.5 米。幼树要整形,肥沃地块的要整成疏散分层形或自然圆头形,山坡旱地的要整成自然开心形。盛果期的大树要培养结果枝组,黑枣树顶端花芽多的,要少短截,保护结果小枝。

第四,枝干涂白。冬季黑枣小树要涂白,用白灰制作涂白液,主干涂白,防冻害、防畜伤害。

109. 怎样配制涂白剂?

黑枣树枝干冬季涂白可预防冻害;夏季涂白小树主

干可预防日烧,并防病虫危害。

配制方法为生石灰 6 千克,食盐 1 千克,大豆黏着剂 250 克,水 18 升。先将生石灰化开做成石灰乳,然后加入大豆黏着剂。大豆黏着剂可用豆浆。涂白剂的浓度,以涂在树干上不往下流、不黏成块、能薄薄黏上一层为宜。石灰用量可根据石灰质量增减。